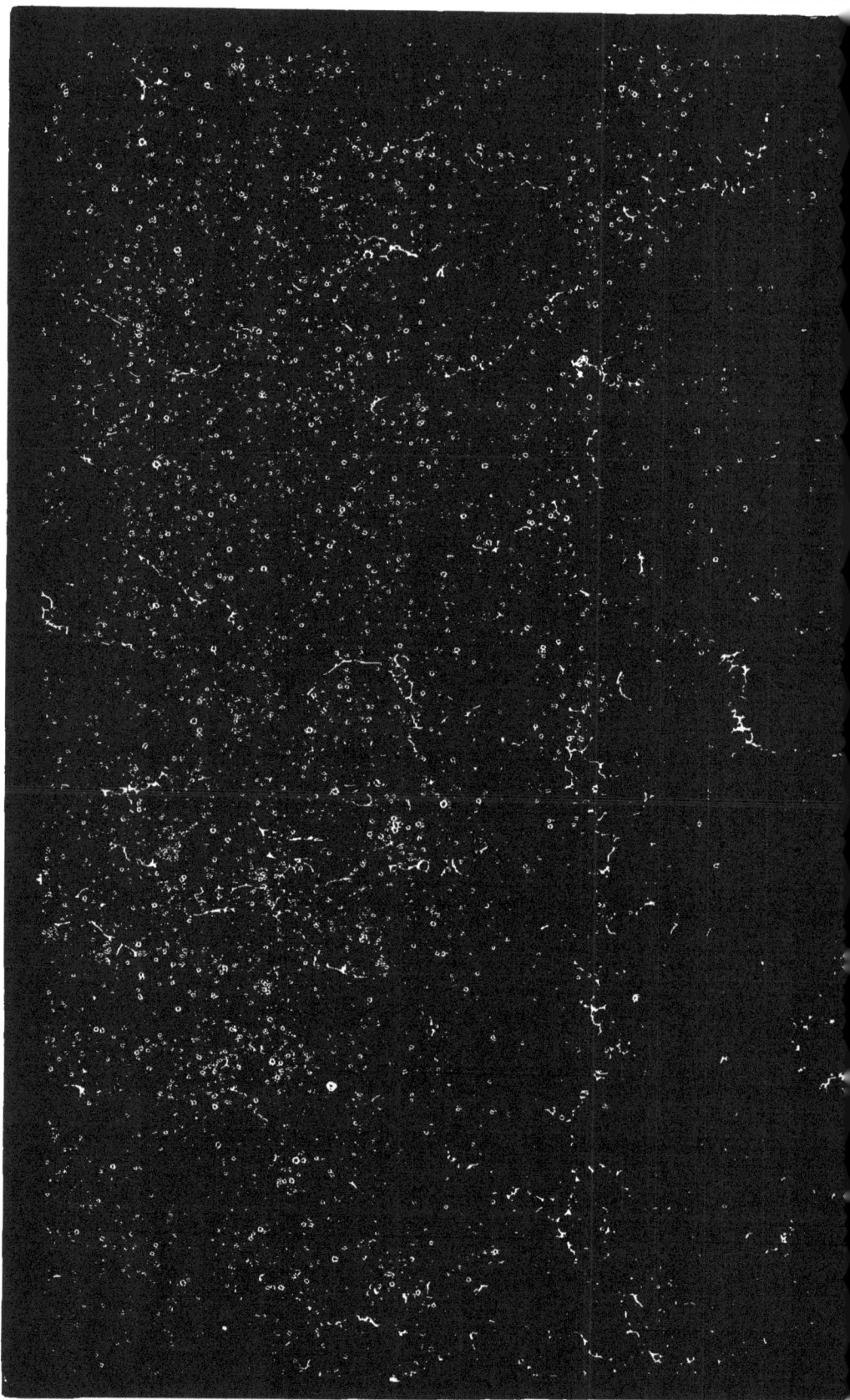

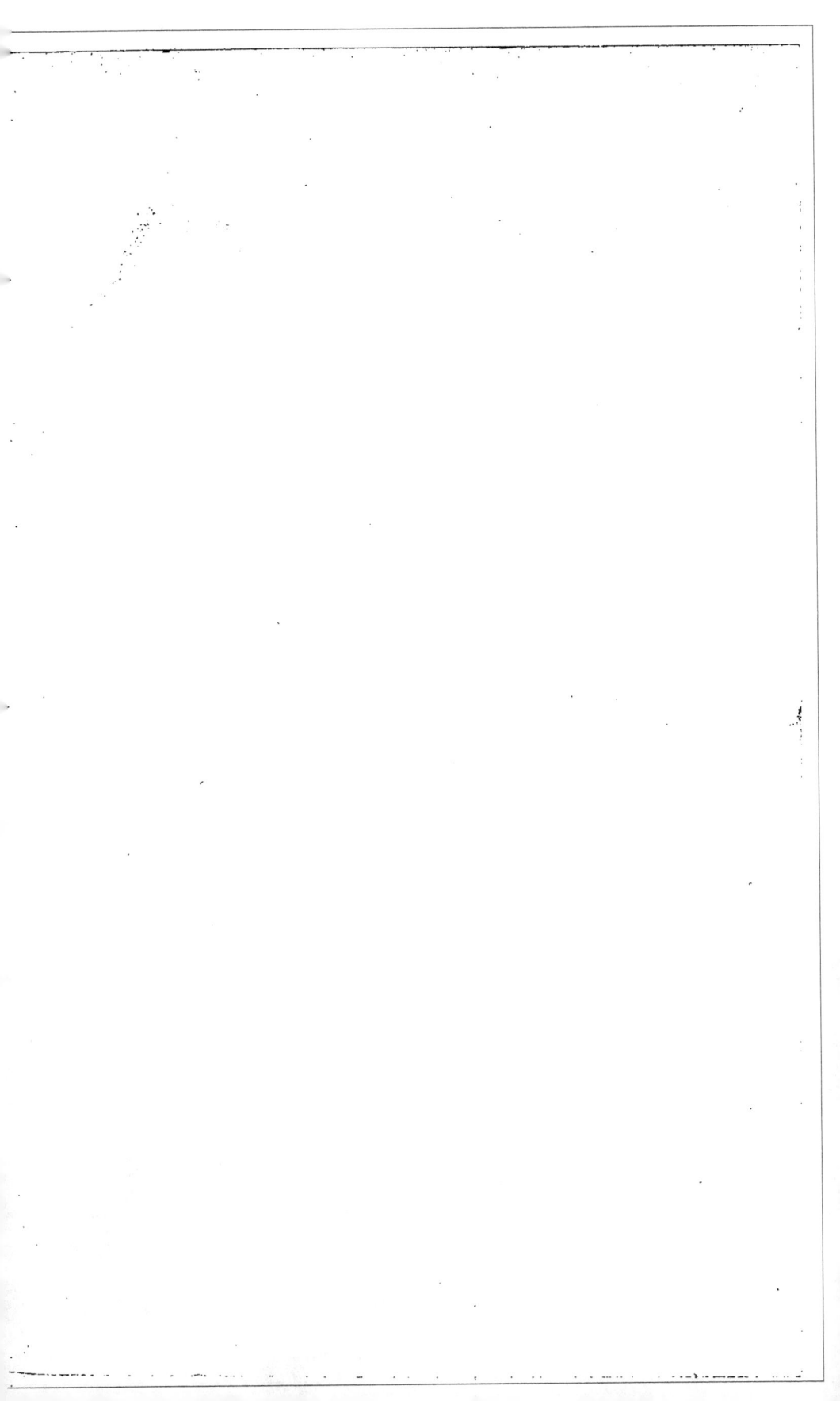

S

2 3 1

ESSAI SUR L'HISTOIRE

DE LA

BLASTOGÉNIE FOLIAIRE,

OU

DE LA PRODUCTION DES BOURGEONS PAR LES FEUILLES.

Thèse de Botanique,

PRÉSENTÉE

A LA FACULTÉ DES SCIENCES DE STRASBOURG,

ET SOUTENUE PUBLIQUEMENT

Le jeudi 19 mars 1846, à deux heures après midi,

POUR OBTENIR LE GRADE DE DOCTEUR ÈS SCIENCES,

PAR

M. E. FRIGNET,

D'AUTRY (ARDENNES),

AVOCAT, DOCTEUR EN DROIT.

STRASBOURG,

DE L'IMPRIMERIE DE VEUVE BERGER-LEVRAULT.

—

1846.

PRÉSIDENT DE LA THÈSE :

M. LEREBOULLET,

PROFESSEUR DE ZOOLOGIE A LA FACULTÉ DES SCIENCES.

A MONSIEUR

LE D.ʳ KIRSCHLEGER,

PROFESSEUR A L'ÉCOLE DE PHARMACIE, AGRÉGÉ A LA FACULTÉ
DE MÉDECINE.

E. FRIGNET.

FACULTÉ DES SCIENCES.

CHAIRES.	PROFESSEURS.
Mathématiques pures	MM. Sarrus, doyen.
Mathématiques appliquées . . .	{ Sorlin. { Finck, suppléant.
Physique	Fargeaud.
Chimie	Persoz.
Zoologie et physiologie animale .	Lereboullet.
Minéralogie et géologie. . . .	Daubrée.

La faculté a arrêté que les opinions émises dans les dissertations qui lui sont présentées doivent être considérées comme propres à leurs auteurs, et qu'elle n'entend ni les approuver ni les improuver.

INTRODUCTION.

Man kann keineswegs zur vollständigen
Anschauung gelangen , wenn man nicht
Normales und Abnormes immer zugleich
gegen einander schwankend und wirkend
betrachtet.

GÖTHE, LVIII, p. 156.

L'on ne peut arriver à une intuition parfaite, lorsque l'on ne considère pas les
actes normaux et anormaux dans leurs
rapports mutuels et conditionnels, dans
leur balancement et leurs compensations.

LE monde savant a dans notre siècle éprouvé bien
des révolutions successives. Mais on chercherait en
vain, dans ses mobiles annales, une histoire plus
intéressante que celle des modifications apportées à la
botanique par l'étude de la morphologie et la découverte des métamorphoses dans les végétaux. Originale
par ses procédés, féconde dans ses résultats, cette
science nouvelle est venue saper et détruire les unes
après les autres, nos idées les plus arrêtées, nos pré-
jugés les mieux établis, les plus accrédités.

Ne croyez pas cependant que cette renaissance de la
botanique ait été l'œuvre d'un homme, d'une nation!
Français, Allemands, Anglais, tous ont fait assaut de
découvertes, tous ont lutté de hardiesse dans la nouvelle voie qui s'ouvrait devant eux. Chaque jour nous

1

voyons encore surgir et s'écrouler une théorie que l'on croyait inébranlable. Mais du milieu de cette agitation scientifique et du choc des systèmes, on a vu se produire plus grande, plus sublime et plus éclatante encore cette admirable loi d'unité, que l'auteur du Faust a formulée par les plus beaux accents de son génie.

Göthe a su abandonner les vieux sentiers frayés par les maîtres de la science, pour s'élancer dans le champ de l'inconnu où la vérité l'appelait! Il a su voir dans une rose diaphysée l'admirable simplicité du Créateur, et ramener à l'unité les organes les plus complexes de la structure végétale[1]. Les botanistes, en suivant sa méthode, sont arrivés à des résultats inattendus; et la morphologie a été le fruit de ses efforts et de leur intelligence.

Cependant, telle n'a pas été la précision des physiologistes qu'ils aient pu arriver tous au même résultat.

---

1. Göthe est l'auteur d'un admirable petit livre botanique, où, sous forme d'aphorismes, il a coordonné, avec une intelligence merveilleuse, les lois et les principes les plus justes. *Versuch die Metamorphose der Pflanze zu erklären.* Gotha, 1790.

> *Und es ist das ewig Eine,*
> *Das sich vielfach offenbart :*
> *Klein das Grosse, gross das Kleine,*
> *Alles nach der eignen Art.*
> *Immer wechselnd, fest sich haltend,*
> *Nah und fern und fern und nah.*
> *So gestaltend, umgestaltend —*
> *Zum Erstaunen bin ich da!*
>
> GÖTHE, III, 91.

Bien des luttes ont été ouvertes, bien des batailles ont
été livrées. Heureux quand la nature vient couronner
le vainqueur, en confirmant par les faits le résultat
des recherches du savant. Notre but, en publiant ce
travail, a été de fournir aux botanistes quelques faits
nouveaux, et d'aider ainsi à résoudre, s'il se peut, le
problème du développement des plantes par les axes
ou par les appendices. Mais nous devons l'avouer tout
d'abord, nous aurons à contredire la doctrine de l'un
des grands noms de la science, d'un botaniste dont
on est habitué à respecter les oracles. Je veux parler
de M. Schleiden, professeur à Iena, et du principe
qu'il a si souvent proclamé, c'est-à-dire que jamais
feuille ne pouvait produire de bourgeons.

Nous avons cru pouvoir réunir assez de faits, pour
établir clairement que si la loi que nous venons de citer
est vraie dans la plupart des cas, elle est loin cependant d'avoir le caractère absolu que son auteur voudrait
lui attribuer. Nous irons plus loin : fort des observations de la majorité des botanistes, nous oserons dire
que cette loi d'exclusion est sans fondement physiologique, et que les conséquences que M. Schleiden a
voulu en tirer tombent d'elles-mêmes.

En tête de notre travail vient se placer l'ensemble
des observations que nous avons pu réunir dans les
recueils botaniques dont il nous a été possible de dis-
poser. Nous arriverons ensuite à des conclusions qui,
je l'espère, sortiront elles-mêmes des faits; enfin nous

rejetons dans les notes un aperçu succinct des travaux publiés par les micrographes allemands sur la nature et le développement de la cellule. Nous désirons qu'on puisse trouver dans cette dernière partie quelques résultats curieux, et surtout une explication plausible du phénomène des feuilles gemmipares.

I.

Quelques mots sur l'histoire de la blastogénie foliaire.

Les faits dont s'occupe ce mémoire ne sont pas nouveaux. Depuis un siècle les jardiniers se transmettent le procédé de la multiplication des plantes par les feuilles comme un des moyens les plus assurés de reproduire les espèces rares et précieuses. Rien cependant n'en était venu aux oreilles des botanistes. L'intérêt garantissait-il le silence des praticiens, ou les physiologues n'ont-ils pas prêté une attention sérieuse à un phénomène si bizarre? Ce serait une question difficile à résoudre, et j'aime mieux penser que les idées botaniques n'avaient pas fait assez de progrès pour découvrir la solution de cette anomalie. Il manquait surtout aux observateurs une direction vraiment philosophique et ces études comparatives dont j'indiquais tout à l'heure les heureux résultats.

Quoi qu'il en soit, le monde botanique est aujourd'hui mieux instruit, et les savants donnent à ces phénomènes toute l'attention, toute l'autorité qu'ils

méritent. Mais à qui convient-il de rapporter la
gloire de cette découverte? Quel observateur a, le
premier, signalé ce nouveau mode de reproduction? Grand problème, qui a longtemps divisé les
historiens de la botanique. Agricola[1] et Meyen[2] après
lui, citent comme plus anciennes les recherches d'un
Italien, Mandirola; il aurait, dès le 16.e siècle, observé des bourgeons sur des feuilles en décomposition
des Hespéridées et des Laurinées. D'autres[3] attribue-
raient volontiers à Wurfbain[4] l'honneur de la découverte, parce qu'en 1690 ce savant aurait publié
quelques exemples de blastogénie dans les Actes de
la *Société des Curieux de la Nature.*

Loin de moi la prétention de trancher cette diffi-
culté, je n'ai voulu qu'indiquer au lecteur à quelle
époque remontent les premières observations du phénomène qui nous occupe. Abandonnons ces détails
d'un autre ordre d'idées; ils sont fort intéressants
sans doute et prouveraient que les anciens, pour
avoir des ressources bien restreintes, n'en étaient pas

---

1. Agricola, *Versuch einer allgemeinen Vermehrung aller
Bäume, Stauden und Blumengewächse, theoretisch und praktisch
vorgetragen. Regensburg,* 1771, t. II, p. 40.

2. Meyen, *Neues System der Pflanzen-Physiologie,* t. III, p. 41.

3. Schauer, *Uebersetzung der Pflanzen-Teratologie von Mo-
quin-Tandon;* p. 159.

4. Cette observation a été faite sur une feuille de laitue;
De Cand. II, ann. 10, p. 369; t. IV, fig. V.

moins de judicieux observateurs. Mais ces recherches concourraient peu au développement de notre travail.

Avant d'entrer sérieusement dans l'énumération des exemples que les annales botaniques ont signalés, je sens le besoin de tracer le plan de mon travail, et d'établir quelques divisions qui doivent servir à coordonner les conclusions dont j'ai parlé. Deux classes principales divisent les végétaux embryonés : les monocotylédones et les dicotylédones nous semblent former une division naturelle, philosophique, autant pour l'origine des faits blastogéniques qu'à l'égard des circonstances qui les ont produits.

L'une et l'autre classe a montré souvent cette puissance de reproduction. Les espèces monocotylédones ont été, il est vrai, plus anciennement signalées; mais si, tout d'abord, les exemples s'étaient bornés à cette classe, des observations plus fréquentes, une attention plus soutenue révélèrent bientôt la même faculté dans les dicotylédones, et j'ajouterai que dans cet ordre les exemples ont peut-être été plus nombreux. Voilà l'un des motifs qui nous a déterminé à prendre pour division de cet exposé historique les deux classes qui se partagent les végétaux phanérogames. Exemples de monocotylédones; Exemples de dicotylédones; Conclusions pratiques que l'on peut en tirer; Influence de ces faits sur l'étude morphologique et physiologique des végétaux, telles seront les parties principales de cet opuscule.

Section 1.re

Monocotylédones.

Les plus anciennes tentatives de reproduction par des bourgeons phyllogènes ont été faites sur les jacinthes. A Amsterdam, les jardiniers, ne sachant comment se procurer des espèces dont chaque individu était une fortune, imaginèrent de développer des cayeux sur des écailles des bulbes : ils les coupaient transversalement, puis les exposaient sur un mur. Par la dessiccation, disaient-ils, il se formerait des excroissances, puis des bourgeons, en un mot, de nouveaux individus. Pour se tromper sur la cause productrice de ce phénomène, les Hollandais n'en avaient pas moins judicieusement observé la nature. Saint-Simon[1] nomme plusieurs jardiniers qui, dans le dix-huitième siècle, durent à ce procédé une fortune considérable. Est-il besoin de parler de l'importance que l'on mit à cacher ce mystère végétal. Vainement Saint-Simon divulgua-t-il ce procédé; la petite trahison de l'auteur du Mémoire sur les Jacinthes ne frappa l'esprit de personne et fut trop tôt oubliée.

Quel botaniste n'a pas lu dans l'ouvrage de physiologie le plus élémentaire l'exemple célèbre du

---

1. Des Jacinthes, de leur anatomie, reproduction et culture ; p. 38. Amsterdam, 1768 (rare).

Bryophyllum calycinum. Schleiden le croyait unique et l'a rejeté en 1837 [1] par une fin de non-recevoir. Cette plante, on le sait aujourd'hui, ne fait que suivre la loi commune à la plupart des végétaux. A l'aisselle de ses feuilles on voit naître et s'accroître un bourgeon : mais bientôt il s'étiole, se dessèche et meurt. Sur la marge foliaire apparaît alors une série d'excroissances gemmaires : l'épiphylle les recouvre quelque temps encore. Mais sous cet abri le bourgeon commence à naître, et pour en favoriser le développement, la pratique a prouvé qu'il fallait séparer la feuille de sa tige. Dans cet état, les excroissances changent de formes, le bourgeon sort et une nouvelle plante verdit sur la feuille desséchée.

Meyen[2] a cherché à surprendre les rapports des bourgeons avec les nervures qui les supportent. « Les vaisseaux en spirale, dit cet observateur, composent tout « le tissu des nervures. En séparant le bourgeon de la « feuille-mère, on aperçoit quelques vaisseaux spirifères « qui viennent se dérouler au bord de la coupure. » Les botanistes imaginèrent d'abord, dans le *Bryophyllum*, une structure parenchymateuse anormale. Mais l'examen de la feuille n'a rien révélé de particulier, et Meyen serait tenté d'attribuer aux vaisseaux en spirale le développement des bourgeons adventifs.

1. *Beiträge zur Botanik. Gesammelte Aufsätze von Schleiden;* 1844, p. 97.
2. *Neues System der Pflanzen-Physiologie,* t. III, p. 43.

Je me réserve d'examiner cette opinion dans la partie théorique de cet opuscule. Continuons l'énumération des faits. Les feuilles dans la famille des fougères présentent un développement blastogénique beaucoup plus général. Tour à tour vous voyez dans ces végétaux les nervures principales et secondaires, les marges, le rachis des frondes se couvrir souvent de bourgeons reproducteurs.

Vous remarquerez cette faculté dans les *Asplenium bulbiferum* et *ramosum*, *Woodwardia radicans*, *Hemionitis palmata*, *Acrostichum undulatum*, *Cyathea bulbifera*, *Darea*, etc.

Mais voici venir l'observation la plus importante, le fait classique de la question qui nous occupe. Je veux parler de l'*Ornithogalum thyrsoides* gemmipare.

M. Poiteau desséchait en 1828 un exemplaire de cette plante. Il y remarqua une sorte d'épaississement à l'endroit où la feuille était séparée de sa tige. Son étonnement s'accrut lorsqu'il vit que des radicelles se montraient de toutes parts. Et pour dernier résultat, M. Poiteau constata la présence d'un bourgeon parfaitement conformé; il sortit du calus végétal et suivit les phases de son développement. Quelles conséquences physiologiques pouvait-on induire de ce fait? M. Poiteau les apprécia; et dès la même année, M. Turpin se chargea d'en instruire l'Académie [1]. Il signala sur

---

1. Annales du Mus. d'hist. nat., t. XVI, 1828, p. 157.

l'*Ornithogalum* l'apparition de 133 bulbilles répartis presque tous sur les nervures des feuilles. Dans cette anomalie le savant académicien crut voir la confirmation de son système sur les tissus végétaux, et les conclusions de son mémoire furent d'accord avec les principes qu'il avait toujours professés. Les gemmes adventives, dit M. Turpin, sortirent du parenchyme foliaire; ils s'étaient formés sans le concours d'aucun principe fécondateur, sur un organe, il est vrai, où l'on n'a pas coutume de les observer, mais l'analyse n'y révèle aucun obstacle physiologique au développement de bourgeons. Les bulbilles proviennent donc d'une cellule qui doit suivre la loi formulée dans le mémoire de M. Turpin, p. 116 : « Tout corps propaga-« teur végétal doit son origine à une vésicule favorisée « qui lui sert de mère et de conceptacle, soit à une « vésicule qui appartienne à une globuline solitaire ou « à une Bichatie (*Bichatia vesiculinosa,* Turp.), soit à « un végétal confervoïde, soit à des grains de pollen, « soit enfin à *l'une des associées d'un végétal d'un ordre* « *plus élevé.* » Je renvoie encore au chapitre suivant l'examen comparatif du système de Meyen, et de la loi ténébreuse de M. Turpin. Il me tarde d'arriver à une petite et gracieuse plante aquatique dont le mode de reproduction a été longtemps un problème.

La *Malaxis paludosa* croît dans les tourbières inondées : elle s'y implante, s'y fixe à une telle profondeur que les feuilles restent presque toujours submergées.

On ne voit guère apparaître au-dessus des eaux, que les fleurs et une partie des rameaux qui les supportent. Cependant les graines servent peu, on le sait, à reproduire cette plante. C'est par ce motif sans doute que, dès la seconde année de son existence, la *malaxis* élève toute sa tige hors de l'eau[1]. Les feuilles, ou, disons mieux, leurs portions vaginales[2], se balancent au-dessus de la tourbière. Avant la floraison de la plante, les feuilles sont glabres, mais plus tard on voit le sommet s'épaissir vers son bord. De ce bourrelet parenchymateux sortent de nombreuses papilles semi-transparentes, charnues : « *Foliorum* « *apicibus scabris,* » a dit Linné. Wahlenberg a été frappé de la même particularité, mais il l'exprime plus clairement : « *Folia apice constricta et intus gra-* « *nulosa, interdum etiam prolifera*[3]. » Le botaniste suédois n'est pas le seul qui ait considéré les papilles de la *malaxis* comme des organes reproducteurs. Smith, dans sa Flore d'Angleterre[4], et Henslow[5], après lui, achevèrent de démontrer que ces excrois-

1. Voyez Turpin, Atlas de Göthe, pl. 3, fig. 12.
2. Le parenchyme foliaire a subi une décomposition par son séjour prolongé sous l'eau.
3. *Flora Upsaliensis*; 1820, VIII.ᵉ vol., p. 292.
4. *Flora Britannica, auct. E. Smith, D. M. Recudi curavit additis passim adnotatiunculis J. J. Röper, D. M.; V. II. Turici,* p. 940.
5. Ann. des sciences natur., t. XIX, p. 103.

sances foliaires n'étaient autres que des bourgeons par lesquels la plante se reproduisait. Hornschuh adopta la même opinion dans son opuscule sur la *malaxis*[1]. Il y a peu de temps encore, j'ai pu examiner avec M. Kirschleger, professeur à l'école de pharmacie de Strasbourg, cette espèce de bulbilles insérés au sommet des feuilles d'une *malaxis* récoltée par M. Schultz, de Bitche.

Les exemples ne sont pas rares; mais à cette liste de monocotylédones gemmipares, on doit ajouter quelques expériences qui ont parfaitement réussi à Meyen, sur des tulipes, des yucca, des aloës, etc.

Je ne doute pas que ces faits ne suffisent pour montrer la possibilité d'une reproduction végétale par les appendices. Mais cette particularité serait-elle restreinte à la classe dont nous nous sommes occupé? Non, sans doute; la nature a plus d'harmonie; et ce nouveau mode reproducteur est une phase nouvelle de l'antique unité végétale, tant de fois proclamée par les plus grands génies.

---

1. *Flora, oder allgemeine botanische Zeitung.* 1838.

Section 2.

Dicotylédones.

Cet ordre nous fournira plus d'éléments encore pour la solution du problème énoncé dans notre introduction, et, hâtons-nous de le dire, la nature a dans ces végétaux contribué plus souvent que l'art à la naissance de bourgeons adventifs.

En tête des cas de blastogénie dicotylédonaire faut-il mentionner le chou-fleuri[1]? Qui ne sait, qui n'a entendu citer à un jardinier le singulier phénomène que cette plante présente quelquefois. Sur une feuille, encore pleine de vie, on voit se développer de petits individus choux : ils épanouissent quelques feuilles et semblent se préparer sur ce sol d'un nouveau genre à une vie végétale toute parasite.

Quelques botanistes me diront peut-être : mais le chou est une plante que l'art a développée, que l'art fait naître et cultive. Votre exemple n'a aucune valeur; car, n'est-il pas possible, probable même, que l'apparition de bourgeons phyllogènes ne soit qu'un état morbide du *Brassica?* Je ne le crois pas, mais je veux qu'il en soit ainsi; il se trouvera, je l'espère, dans les recueils botaniques assez d'autres observations, pour oser en déduire la solution du problème qui nous occupe.

1. Voyez Bonnet, Recherches sur l'usage des feuilles, p. 216, fig. XXV.

Je vais choisir un exemple tel qu'il restera pur du moindre soupçon de contact avec l'art et le jardinage. C'est derrière les chalets de l'Ober-Pinzgau, dans les gorges les plus sauvages du Tyrol et du Salzkammergut, à 3000 pieds au-dessus de la mer, que vous rencontrerez mon fait blastogénique. M. le D.ʳ Sauter a cueilli sur les collines calcaires qui forment le pied du Gross-Venediger, une gracieuse petite plante alpestre : l'*Arabis pumila*[1]. A la partie supérieure de ses feuilles il vit des excroissances filiformes parfaitement développées. Aucun indice ne parut lui révéler la piqûre d'un insecte; c'étaient des vésicules linéaires, aiguës, ovales. Plusieurs cellules parenchymateuses, les unes séparées, les autres réunies et soudées, semblaient en former le tissu. Des faisceaux de radicelles traversaient le parenchyme et sortaient au-dessous de la feuille-mère; plus tard des gemmules se firent jour à travers le tissu, et les nouveaux individus s'accrurent et prospérèrent rapidement. Nous le demandons aux plus incrédules, est-il possible d'imaginer un exemple plus propre à convaincre de la réalité, de la spontanéité de la blastogénie foliaire? peut-on attribuer ce fait à quelque pratique artificielle? Dans ces hauteurs inaccessibles il n'est pas de culture qui vienne modifier la séve et sa circulation, et produire à force de soins des

1. *Flora, oder allgemeine botanische Zeitung*; 24.ᵉ année, 1.ᵉʳ vol., 1841, p. 380.

monstruosités inattendues. C'est la nature alpestre sauvage, abandonnée à elle même.

Ces bourgeons que l'*Arabis pumila* développe au sommet des Alpes, le *Rochea falcata* les présente plus près de nous, dans nos jardins. Les praticiens connaissent tous la facilité avec laquelle cette plante se reproduit par des bourgeons adventifs foliaires.

Les observations que MM. Henslow et Hornschuh ont faites sur la *Malaxis paludosa* se trouvent reproduites dans les dicotylédones avec une remarquable similitude. M. de Cassini découvrit, en 1816[1], que les feuilles d'un *Cardamine pratensis* portaient sur leur pétiole de petits bourgeons phyllogènes; il les observa même répandus sur la surface de la feuille. [2]

« Des ouvriers travaillaient à la terre, dit M. Du-« trochet[3], et je me trouvais auprès d'eux dans « un lieu humide et ombragé. Au-dessus du sable

1. Cassini, Opusc. phytol., II, p. 340; et Journ. de phys., 2, 82, p. 408.

2. Au moment où je réunis ces faits (août 1845), M. le docteur Kirschleger a constaté que tous les échantillons de *Cardamine pratensis* du jardin botanique de l'école de pharmacie présentaient un exemple parfait de blastogénie foliaire. J'ai cru intéressant de reproduire ce phénomène. Les deux rameaux de *Cardamine* sont gravés aux n.ᵒˢ 6 et 7 de la planche annexée à cette notice.

3. Mémoires pour servir à l'histoire naturelle des animaux et des végétaux, par M. Dutrochet, t. 1.ᵉʳ, p. 279.

« qu'ils remuaient, j'aperçus une feuille qui me parut
« n'avoir pas l'aspect ordinaire. En l'examinant, je dis-
« tinguai très-bien six embryons gemmaires, globu-
« leux, blanchâtres et parfaitement semblables à ceux
« que j'avais vus sur l'*Ornithogalum thyrsoides*. Trois
« de ces embryons étaient globuleux, les trois autres
« terminés en pointe. Il ne me fut pas possible de
« savoir à quelle plante appartenait la feuille gemmi-
« pare; mais je cherchai à connaître la structure des
« embryons globuleux. Je vis, en les coupant par
« tranches dans plusieurs directions, qu'ils étaient gé-
« néralement composés de *cellules* décroissantes de
« grandeur de la circonférence vers le centre : en
« sorte que ces embryons gemmaires avaient inté-
« rieurement la constitution d'une sphère, comme
« extérieurement ils en possédaient la forme. Je dé-
« tachai de la feuille les embryons les plus avancés;
« je les plantai. Deux de ces embryons périrent, et le
« troisième ne commença à végéter qu'au printemps.
« Quelques petites racines parurent, et à la partie infé-
« rieure du sommet de la gemme, sortit une petite tige
« terminée par deux feuilles opposées, sessiles et ovales....
« En les examinant de plus près, je reconnus que les
« feuilles de ma jeune plante étaient celles de la Renon-
« cule bulbeuse (*Ranunculus bulbosus*). Depuis, je l'avais
« cru morte; mais elle repoussa au printemps suivant
« et continua à prospérer. »

Dans un voyage que M. Auguste de Saint-Hilaire fit

en Sologne [1], il put constater un nouveau fait de blasto-génie. M. Naudin lui présenta les feuilles d'un *Drosera intermedia* couvertes d'excroissances semblables à celles que nous avons si souvent décrites. L'une d'elles, dit l'auteur de la Morphologie végétale, présentait à sa surface deux petits *Drosera* parfaitement conformés. Le premier avait une longueur de six lignes environ, l'autre était un peu moins grand. Tous deux étaient supportés par des tiges filiformes. On y remarquait de petites feuilles alternes, chargées de poils glanduleux. C'étaient, dit M. Auguste de Saint-Hilaire, de petits *Drosera* en miniature.

Dois-je citer encore l'observation de Rafn [2], renou-velée par le D.r Pott [3], sur l'*Eucomis regia*. Séchée dans du papier chaud, la feuille produisit, six semaines après, un épaississement mucilagineux, qui bientôt devint un bourgeon parfait.

Si je ne craignais de fatiguer le lecteur par un dénom-brement complet des plantes gemmipares, que les an-nales botaniques ont enregistrées, je pourrais continuer ce travail déjà trop long peut-être. Il suffira d'ajouter ici l'indication de quelques-uns des phénomènes les

1. Comptes rendus de l'Académie des sciences ; 1839, sep-tembre et octobre.

2. Sénébier, Phys. végét., t. IV, p. 364.

3. Meyen, *Neues System der Pflanzen-Physiologie*, t. III, p. 44.

plus remarquables; je renvoie aux auteurs de la Morphologie, pour y trouver des détails plus circonstanciés.

Mulden [1], et Meyen [2] après lui, ont trouvé des cas de blastogénie foliaire sur des *Butomus umbellatus, Linn.*; *Staphylea pinnata, Linn.*; *Lonicera cærulea, Linn.*; *Symphoricarpos orbiculatus,* Mönch; *Echeveria; Cotyledon umbilicus, L.* ; *et lutea,* Kew.; *Polypodiées; Fritillaria imperialis, L.* [3]

Avant d'arriver aux conclusions théoriques que j'annonçais en commençant, j'aurai à apprécier les avantages que l'horticulture peut tirer de ce nouveau mode de reproduction. M. Noisette a consacré dans son beau travail [4] un assez long chapitre aux boutures des feuilles. Il envisage cette reproduction au point de vue du botaniste et de l'horticulteur.

« Avec des soins assidus et minutieux, nous avons
« la certitude que l'on pourrait reproduire toutes les
« plantes vivaces et ligneuses, en n'employant que les
« feuilles pour faire des boutures. Plus une feuille est
« épaisse et *parenchymateuse* [5], plus elle contient de

---

1. *Zydschschrift voor natural Geschied*; p. 106.

2. Meyen, *Neues System,* etc., p. 52.

3. Je pourrais ajouter à cette liste une série de familles où la blastogénie a été généralement observée. Ce sont les *Cicadées,* les *Bignoniées,* les *Euphorbiacées,* les *Cyclamus,* les *Mesembryanthemum,* etc. Buchn., *Repert. XIX,* t. II, 1839, p. 43.

4. *Manuel complet du Jardinier,* t. I.er, ch. IV, p. 434.

5. Ne serait-ce pas une nouvelle preuve de l'origine toute cellulaire reconnue aux bourgeons?

« cambium, et plus l'expérience offre de chances de
« succès. Les plantes grasses sont, en raison de ce prin-
« cipe, celles qui donnent les résultats les plus faciles
« à obtenir. Après celles-ci, viennent les feuilles, qui
« ont une grande consistance et la nervure médiane
« très-développée, ainsi certains *ficus*, l'*aucuba* du Ja-
« pon, etc. En tous cas, on doit choisir une feuille en
« pleine végétation, et ayant acquis tout son dévelop-
« pement. »

M. Lucas, de Ratisbonne, a publié dans *Buchner's
Repertorium* de 1839, *l.c.*, une série d'essais de blastogénie : les boutures foliaires ont admirablement réussi,
lorsqu'on les a plantées dans un terrain de charbon.

J'ai suivi avec M. Kirschleger la propagation par
les feuilles d'un *Gloxinia speciosa*, chez M. Weick,
fleuriste à Strasbourg [1]. Cet horticulteur coupe le pétiole vers son milieu, le couvre de terre de jardin ou
d'un compost de sable ou de terre de bruyère. Ainsi
fixée, la bouture reste exposée à une température
humide de 20 à 25 degrés R. Autour de la plaie on
voit se former un calus; il s'épaissit bientôt, et de
petites radicelles se font jour. C'est alors qu'il faut
redoubler ses soins pour maintenir un parfait équi-
libre entre la chaleur et l'humidité, afin d'entretenir

---

1. M. Kirschleger a publié cette observation dans le *Flora* de
1844, p. 727.

une fermentation sans pourriture. Le bourgeon ne paraît guère qu'à la fin du second mois. On remarque d'abord une plantule fort délicate qui nous montre déjà sa tigelle ; bientôt le nouveau rejeton paraît, et dès lors le succès est assuré.

Il importe peu, en général, à quelle hauteur du pétiole ou de la nervure foliaire on pratique la section. Nous espérons prouver en effet que la blasto-génie tient au tissu cellulaire ; or, ce tissu se ren-contre partout. La probabilité du succès n'en est pas diminuée ; mais la pratique semble indiquer que la hauteur de la section influe sur ce développement gemmaire.

En 1839, M. Neumann[1], voyant que les feuilles du *Theophrasta latifolia* produisent si facilement des gemmes, eut l'idée d'en couper transversalement deux au milieu du limbe, et de traiter ces portions par la même méthode qu'il suivait pour les feuilles munies de leur pétiole. Le calus se forma, les racines parurent, et le bourgeon produisit des feuilles, mais dans un temps double de celui qu'il avait fallu aux autres bou-tures foliaires pour arriver au même résultat. « Partout où il se trouve du *cambium* (liquide cytoblastéma-tique), dit M. Neumann, il se forme des utricules qui peuvent donner naissance à des êtres nouveaux. N'y aurait-il pas cependant un rapport de proportion

---

1. Horticult. univers. ; mai et juin 1840.

entre la longueur de la nervure et la durée du développement. »

M. Weick, que je citais tout à l'heure, a obtenu le
même résultat avec des boutures prises à une hauteur
quelconque de la feuille du *Gloxinia*.

Il n'est donc plus permis d'en douter, la blastogénie
foliaire est un fait acquis à la science. Sans anéantir
les autres modes de reproduction, elle se présente à
l'homme comme un moyen nouveau de multiplier
les végétaux. Les conséquences pratiques de ce phénomène sont d'une incontestable importance. Est-il
nécessaire de les développer? Quel esprit ne serait
frappé tout d'abord de l'avantage que trouveront les
horticulteurs dans une reproduction assurée de leurs
produits les plus précieux, lorsqu'il est si difficile de
porter à maturité les graines des plantes exotiques.
Au botaniste, la blastogénie offrira le moyen de re-
trouver par une portion quelconque d'une feuille la
plante inconnue dont il cherche les caractères? Il ne
l'étudiera point sous cet aspect menteur et répugnant
d'un cadavre végétal : elle se présentera à ses regards
verte, vivante, prête à épanouir ses feuilles et ses fleurs.

CONCLUSIONS.

Voici s'ouvrir devant nous la partie scientifique de
ce travail. Nous devons, après avoir énuméré les faits
que l'observation a pu nous fournir, examiner les
conséquences qu'ils entraînent au point de vue de la

physiologie botanique. Ce n'est pas sans une sorte de timidité que nous aborderons ces principes si subtiles de la philosophie botanique. Tant de bons et de savants esprits ont trouvé dans le fait morphologique le plus simple, des difficultés souvent insurmontables. Que ne devons-nous pas craindre, lorsqu'il nous faut rencontrer sur notre route le grand problème des axes et des organes appendiculaires. Question délicate! sorte de quadrature botanique, qui tourmente et tenaille encore aujourd'hui l'esprit des physiologues. Hâtons-nous de le dire, nous sommes heureux que la nature la résolve à notre place.

1.re Conclusion. *Les bourgeons phyllogènes peuvent naître sur toutes les parties de la feuille.*

Il nous suffira, je pense, pour établir ce principe, de renvoyer à la première partie de ce travail. Nos exemples ont montré que, tour à tour, le limbe, le pétiole, le parenchyme foliaire, les nervures principales et secondaires avaient été le sujet d'observations blastogéniques.

2.e Conclusion. *La naissance des bourgeons adventifs est due au développement d'une cellule et point à l'action des vaisseaux spirifères.*

L'observation réitérée des bourgeons phyllogènes, a dit Meyen, a fourni aux botanistes une précieuse occasion d'étudier les phases de la vie gemmaire. [1]

---

1. Meyen, *Pflanzen-Physiologie*; t. III, p. 43.

Cette étude, deux auteurs surtout l'ont suivie avec patience; mais, comme on devait s'y attendre, cheminant sur des routes opposées, ils ne se sont pas rencontrés. En 1837, Meyen estimait que les vaisseaux en spirale, dont est formée la nervation foliaire, devaient seuls contribuer à produire le nouveau bourgeon. L'illustre professeur de Berlin séparait le petit bourgeon du parenchyme foliaire, et l'examen de la blessure lui montrait la présence de vaisseaux, qui se déroulaient aux lèvres de la plaie[1]. Il pensait donc pouvoir en conclure que les bourgeons étaient l'œuvre, j'allais dire le fruit des vaisseaux en spirale, et que les organes où l'on n'avait pas découvert de vaisseaux étaient impuissants à produire la blastogénie.

J'avoue que je ne saurais partager son avis, et oserai-je le dire, je crois que ce grand physiologiste n'y a pas bien réfléchi. Pourquoi, je vous prie, les vaisseaux en spirale auraient-ils cette propriété dans le

---

1. *In Bezug auf die Verbindung dieser Knospen mit den Blattnerven lässt sich nur so viel ausmitteln, dass die Spiralröhren in den weiter vorgeschrittenen Knospen allerdings unmittelbar aus einem Seitennerven des Blattes übergehen, im Anfange aber, bei dem ersten Auftreten der Knospen, wie man sie an entwickelten Blättern beobachtet, ist vor diesem Uebergange noch nichts zu sehen. Der Spiralröhrenbündel, welcher den Seitennerven bildet, läuft jedesmal in die Nähe des Randes der Einwerbungsstelle, und giebt von hieraus einige Spiralröhren zu beiden Seiten hinab, von einem besondern Punkte oder Höcker, in welchen die Spiralröhren enden sollen.* T. III, p. 45.

système foliaire, tandis qu'ils en sont privés dans l'organe pollinique et sur tout l'axe végétal? Mieux encore! comment expliquer désormais par cette hypothèse la venue de bourgeons adventifs sur des points du parenchyme, où jamais le microscope n'a trahi de vaisseaux en spirale? L'organe générateur des bourgeons phyllogènes est donc différent des vaisseaux; je dis plus, il est le même que celui qui a développé tout l'axe végétal, c'est la cellule!

J'invoquerai, à l'appui de mon opinion, les observations que le savant auteur de la *Bryologia europæa*, M. G. Schimper, a faites sur les mousses. Ces cryptogames présentent de nombreux exemples de blastogénie foliaire. C'est d'abord un nucléole, qui forme autour de lui une petite agglomération de mucosités. Bientôt cette cellule se divise pour en produire une seconde, qui adhère à ses parois. De proche en proche les cellules s'accroissent; elles forment de minces folioles, la plantule se développe et l'individu nouveau naît à la vie végétale. S'il est permis de conclure du petit au grand, du simple au composé, lorsque les faits ont une si grande analogie, je dirai que les bourgeons adventifs proviennent de cellules génératrices, qui sont contenues dans le tissu parenchymateux. Notons bien que dans les feuilles des mousses il n'y a pas de traces de vaisseaux spirifères.

Ne trouverait-on pas dans le procédé que les jardiniers emploient pour développer la blastogénie, un nouvel argument en faveur de notre opinion? Chaleur et humidité; ce sont bien là les seules conditions nécessaires : mais hâtons-nous de le remarquer, ce sont là aussi les agents indispensables à toute végétation rapide. On connaît depuis longtemps l'influence de la chaleur sur le tissu végétal : son action s'exerce principalement sur les cellules. Elle active le mouvement cytoblastique, porte les cellules à se diviser et à se multiplier.

Concluons donc de ces faits que le bourgeon n'est qu'un développement cellulaire, et que la conséquence de cette loi si simple : *les végétaux les plus compliqués ne sont que l'évolution d'une cellule.*[1]

Cette opinion n'est du reste pas nouvelle.

Dès 1828, M. Turpin semble l'avoir soupçonnée; mais les expressions qu'il emploie sont si peu claires, qu'on serait tenté de voir dans cette loi le rêve d'une nuit agitée, plutôt que la généralisation d'un principe naturel. « Tout corps propagateur végétal doit son « origine à une cellule favorisée qui lui sert de mère « et de conceptacle, soit à une globuline solitaire ou « à une Bichatie (*Bichatia vesiculinosa*), soit à un vé- « gétal confervoïde, soit à un grain de pollen, soit « enfin à l'une des associées quelconque d'une masse de « tissu végétal d'un ordre plus élevé » (p. 166). Toutefois

---

1. Nägeli, *Zeitschrift zur wissenschaftlichen Botanik*. 1844. (Voyez le Résumé à la fin de la brochure.)

dans le cours du même travail M. Turpin exprime plus nettement sa théorie : « Toute vésicule végétale, quel- « que part qu'on l'observe, est un centre vital de pro- « pagation et de végétation, soit tout simplement de « l'augmentation en tous sens des masses de tissu cel- « lulaire (par *accouchement* de nouvelles vésicules). « C'est un individu distinct, dont la réunion à plusieurs « autres forme l'individualité botanique.... Les sémi- « nules ou gongyles qui naissent dans l'épaisseur du « tissu cellulaire des lichens, des plantes marines, les « embryons adventifs qui s'échappent indifféremment « de tous les points des vieilles écorces et de la sur- « face des feuilles, etc. ... doivent tous également leur « existence à une vésicule favorisée, dans laquelle se « forment de nouvelles vésicules, une petite masse de « tissu cellulaire. »[1]

Les considérations que nous venons d'énumérer, les auteurs que nous avons cités, auxquels je pourrais adjoindre M. Schleiden, si je ne devais m'occuper de sa théorie avec plus de développement; l'analogie enfin

1. Mém. du Mus. d'hist. nat., t. XVI (1828), p. 158, 159. — Meyen avait exprimé la même idée en 1837, mais en termes bien plus scientifiques : *Man ist dagegen schon berechtigt, dass jede Zelle woraus die Pflanzen gebildet sind, ein für sich beste- hendes Individuum darstellt, welches zwar mit anderen gemein- schaftlich neben einander lebt, aber auch für sich allein Nahrung nimmt, dieselbe weiter verarbeitet, neue Substanz bildet und sich fortpflanzt. Pflanzen-Physiologie, t. III, p. 1, 2.*

qui existe entre la propagation pollinique et la reproduction gemmaire, tous ces motifs suffisent ample-
ment pour nous autoriser à conclure que le bourgeon
adventif doit son origine à une cellule, et non point
à des vaisseaux spirifères.

3.ᵉ Conclusion. 1.° *Les carpelles sont des organes
foliacés chargés d'ovules qui viennent se développer
sur la marge de la feuille*; 2.° *les ovules ne sont que
l'évolution spéciale d'une cellule et, par conséquent,
l'analogue des bourgeons phyllogènes. Le fait de la
reproduction par les appendices en acquiert une très-
grande généralité.*

L'un des plus curieux résultats des études morpho-
logiques a été de mettre en lumière l'origine foliacée
des cycles floraux; sépales, pétales, étamines, la nature
se plaît à nous les montrer tour à tour comme des
feuilles diversement modifiées, ou métamorphosées,
dans le but de la reproduction des plantes par des
graines. L'examen le plus superficiel du carpelle ferait
apercevoir l'analogie qui existe avec les organes qui
l'enveloppent : on peut même *a priori* admettre entre
eux une similitude d'origine. Qui n'a vu que, dans
des fleurs doubles, les carpelles sont devenus des
pétales, et ont suivi la métamorphose des étamines. Il
y a mieux : que l'on prenne la fleur double du ceri-
sier, et l'on verra s'élever, au milieu de cette éblouis-
sante corolle, de petites feuilles, dentées comme celles
de la tige. Ce sont les carpelles que l'art a ramenés à
l'état foliaire.

Comme les feuilles, ils présentent une portion vaginale (*la partie ovulifère*), un pétiole (*le style*), et une portion limbaire (*le stigmate*, qui, dans une foule de cas monstrueux, se change en un véritable limbe). Pourquoi ne présenteraient-ils pas le phénomène que nous avons signalé dans les feuilles végétales ? ou, pour mieux dire, que sont les ovules, sinon des gemmes phyllogènes ? Ces vérités sont aujourd'hui choses jugées; on les enseigne sur les bancs de l'école. Meyen, Schleiden, Robert Brown, malgré leurs éternelles discussions, sont tombés d'accord sur ce point et ont rallié à leur opinion les botanistes les plus incrédules.

Repliée sur elle-même, la feuille carpellaire renferme un très-grand nombre d'ovules, rangés sur ses marges internes, attachés au placenta par un cordon ombilical. En étudiant la génèse de l'ovule, on arrive, en dernière analyse, à une cellule, qui s'accroît en se subdivisant. Les bourgeons, nous l'avons dit, peuvent également se réduire à une cellule que la chaleur et l'humidité ont développée. Tous deux, ovules et bourgeons foliaires, naissent sur les nervures des feuilles : assez fréquemment (*Butomus, Gentiana,* etc.) on les remarque sur toutes les parties du parenchyme; tous deux, en se développant, produisent une plante, et montrent la radicule qui doit la fixer au sol.

Y a-t-il désormais lieu d'attribuer encore exclusivement aux organes axiles la naissance des ovules?

La réponse n'est certes pas douteuse; toutefois gardons-nous de nous laisser entraîner, par l'apparente facilité de ce problème, à des excursions peut-être périlleuses. Nous sommes sur un terrain brûlant, et devant nous voici se dresser la question des axes et des appendices. L'Europe botanique en a retenti; elle en est encore émue. « Rien n'est si entêté qu'un fait, » disait Mme de Staël. Nous en avons cité un assez grand nombre : tous ont servi à prouver que les appendices sont tous aussi capables de reproduire les plantes que tout organe axile qu'il vous plaira de choisir. Et pourquoi, je vous prie, condamner à l'impuissance les organes appendiculaires? D'où viendrait cette incapacité?

Je cherche en vain quels sont les motifs sérieux, qui ont pu décider M. Schleiden à adopter la loi qu'il formule partout. Je croirais volontiers qu'il l'a prise pour devise : « A considérer, dit-il, le monde végétal « dans son ensemble, nous y voyons régner une loi « invariable; c'est-à-dire, que jamais un bourgeon ne « saurait se développer sur la surface d'une feuille; « on ne doit les chercher que sur l'axe et sur les or- « ganes qui en dépendent. »[1]

---

1. *Einige Blicke auf die Entwicklungsgeschichte des vegetabilischen Organismus bei den Phanerogamen. Beiträge zur Botanik. 1ster Band, p. 97. — Betrachten wir den ganzen Complex der Pflanzenwelt, so finden wir es als durchgreifendes Gesetz, dass*

Ailleurs, dans une notice sur le placenta, insérée, en 1837, au journal de botanique scientifique[1] de M. Schleiden : « Je dois, avant tout, poser en prin« cipe une règle qui s'applique à tout le monde bota« nique, à savoir que les axes seuls, et non les feuilles, « peuvent développer des bourgeons reproducteurs. »[2]
Je pourrais faire bien d'autres citations toutes aussi explicites, mais je passe. Au botaniste d'Iena oserais-je opposer l'auteur de la Physiologie végétale? oserais-je renouveler cette longue querelle commencée en Allemagne, reproduite en France et jamais terminée? Devrais-je ressusciter les haines scientifiques de M. Gaudichaud contre M. de Mirbel, de Meyen contre Schleiden? Non certes, les faits combattent pour moi, et parlent plus haut que les raisonnements. Je ne saurais résister cependant à prendre M. Schleiden en flagrant délit d'infraction aux principes qu'il professe. C'est dans

sich niemals eine Knospe an einem Blatte bildet, sondern nur an der Axe und den von ihr abgeleiteten Organen. Sieht man nun die Ovula als Knospen an, so hätte man auch consequent schliessen müssen, dass die Placenta eine umgebildete Axe sei. Page 97.

1. Zeitschrift für wissenschaftliche Botanik; 1837, p. 303 et suiv. Orell et Füssli à Zurich.

2. Zuerst muss ich nochmals dafür aussprechen, dass in der Phanerogamen - Pflanzenwelt bei normalem Wachsthumsprocess, die allgemeine Regel ist : dass nur Axengebilde und nicht Blätter Knospen erzeugen. Voyez Beiträge zur Botanik, p. 25.

son Histoire du développement des phanérogames, à la page 97, que M. Schleiden formule la loi que nous repoussons : tournez la page, arrivez au n.° 98, et vous lirez presqu'à toutes les lignes la preuve que les carpelles ont dans l'esprit de M. Schleiden la plus grande analogie avec les feuilles. « Tantôt, dit-il, mes adver- « saires appellent à leur aide l'insertion des ovules sur « les faces de la feuille carpellaire[1] ; » à la page suivante : « En étudiant la nature, nous trouvons que la feuille « carpellaire, à son début, est parfaitement analogue à « la jeune feuille végétale, et que sa structure est la « même que celle des organes latéraux. »[2]

Qu'est-il besoin de plus de citations pour poser à M. Schleiden un seul dilemme : Le carpelle étant une feuille, c'est-à-dire un organe appendiculaire, les ovules et le placenta qui en font partie intégrante, sont-ils des organes axiles, ou des appendices? Si des organes axiles? comment imaginer qu'une feuille, organe appendiculaire à sa base, devienne axile à son sommet et sur ses marges? On chercherait en vain des différences tranchées entre ces deux organes. Si les ovules

---

1. *Man hat nun eben deshalb zu vielen Hilfen seine Zuflucht genommen, und lässt die* Ovula *bald am Rande des Carpellblattes, bald an der Mittelrippe, bald an beiden entstehen.* Page 98.

2. *Gehen wir aber jetzt zur Anschauung der Natur selbst über, so finden wir, um mit dem Leichten anzufangen, im Anfange jedes einzelne Carpellblatt isolirt, jedem jungen Blatte oder seitlichen Organ der Pflanze gleich gebaut,* etc. Page 99.

sont appendiculaires, convenez donc, M. Schleiden, que votre loi souffre dérogation dans la plupart des cas, et que les exceptions l'emportent en nombre sur la règle; que votre pistil caulinaire (*Stengelpistil*) dans les Légumineuses, les Liliacées, etc., est le produit d'une théorie fausse et exclusive, et que le placenta a même le plus souvent une origine appendiculaire, ainsi que M. A. Brongniart l'a prouvé surabondamment l'année dernière[1]. Avouons que des bourgeons peuvent naître sur la feuille végétale, comme les ovules sur la feuille carpellaire.

Qu'est-ce en dernière analyse qu'un ovule? qu'est-ce qu'un bourgeon? le développement d'une cellule. Et les cellules se trouvent partout, partout elles peuvent se développer et devenir mères d'autres cellules.

_____

1. Comptes rendus, 1844, tome 1.er, page 513, et Annales des sciences naturelles, 1844, n.° 11, p. 20 et suiv.

NOTE.

———

De la cellule dans l'état actuel de la science.

J'ai eu, dans le courant de ce travail, plus d'une fois l'occasion de parler de la cellule. Les opinions des botanistes ont été, à cet égard, si opposées; les travaux consciencieux de l'Allemagne micrographe si importants, et peut-être si peu connus, qu'il m'a semblé intéressant de réunir ici une sorte d'exposé de l'état de la science sur cette question épineuse. Je prie les lecteurs de ne pas s'étonner s'il règne parfois un peu de sécheresse dans l'exposition; elle est le résultat des diverses théories qu'il m'a fallu concilier.

La cellule, dit M. Schleiden, est un corpuscule, une molécule (*ein Bläschen*) nageant dans un suc gommeux, et qui possède, dans des limites déterminées, une certaine indépendance vitale.[1] C'est elle qui fait la trame de tout le tissu végétal; c'est à elle qu'aboutit toute analyse. Ainsi une cellule est un organe simple doué d'une existence propre : l'assemblage de plusieurs cellules forme un organe composé. Les auteurs allemands, Nägeli[2] à leur tête, ont cru reconnaître cinq espèces ou classes de cellules : les unes varient par leur âge, d'autres diffèrent par la place qu'elles occupent.

    1.re CLASSE. Cellules libres nageant dans le liquide cytoblastique de la cellule-mère.

    2.e CLASSE. Cellules contenues dans les cellules engendrées (*Tochterzelle*), et que celles-ci ont anéanties en se développant.

———

1. *Grundzüge der wissenschaftlichen Botanik.*
2. *Zeitschrift der wissenschaftlichen Botanik.*

3.ᵉ Classe. Cellules-mères : elles s'accroissent par division.

4.ᵉ Classe. Cellules de simple développement.

5.ᵉ Classe. Cellules complètes : ce sont des individus libres, indépendants, mais dont la sphère d'existence est restreinte par les agents extérieurs et par l'action des autres cellules.

L'analyse approfondie, philosophique des organes végétaux les plus compliqués, conduit forcément à cet axiome : *Les végétaux, même les plus parfaits, partent d'une simple cellule pour se réduire à une simple cellule.* Une étude superficielle de la nature semblerait présenter un grand nombre de dérogations à ce principe. Mais prenez une feuille d'arbre et vous pourrez, par l'examen et l'analyse, arriver à la notion de la cellule. Je n'entends pas dire que l'idée que vous en aurez conçue sera d'une exactitude parfaite, non ; mais elle suffira pour admettre la possibilité de mon axiome. C'est même à ce défaut d'analyse minutieuse que la plupart des botanistes ont dû leurs erreurs d'observation et, par suite, leurs fausses théories. Les discussions entre les champions de l'axile et de l'appendiculaire n'ont pas d'autre source. En effet, je le demande, pourrait-on prétendre aujourd'hui que les organes axiles diffèrent des appendiculaires, en ce que les premiers s'accroissent par la base et les seconds par le sommet ? Mais, armé du microscope, appuyé des faits de blastogénie que nous avons rapportés, on leur répondrait que les cellules s'accroissent de toutes parts.

En général, tout organe a été cellule ; c'est là le moyen terme qui sert à mesurer le progrès des plantes, à apprécier les différences qui les séparent, à contrôler toutes les lois que la théorie improvise ; c'est la grande unité, la monade végétale. Robert Brown [1] découvrit le premier l'existence d'un noyau dans la cellule. D'ordinaire on n'en aperçoit qu'un renfermé dans chaque

---

1. *Bot. miscell.*, V, p. 156.

cellule ; rarement on en remarque deux. M. Schleiden, dans l'*Étude des phanérogames* que nous avons déjà citée, annonça que des cellules pouvaient n'avoir point de noyaux.[1]

Le nucléole, disent la plupart des botanistes, est un corpuscule solide, formé de viscosité ; il se développe tout d'abord, et c'est autour de lui que viennent se grouper et s'attacher les mailles du tissu cellulaire. MM. Endlicher et Unger n'envisagent pas ainsi le noyau. Ils en ont découvert plusieurs dans une même cellule allongée; mais partout ils l'ont trouvé nageant libre dans le liquide muqueux et sans cesse entraîné par le torrent cellulaire. H. Mohl a, par de consciencieuses et patientes recherches sur l'*anthoceros*, confirmé cette théorie.[2]

De nouvelles observations pourraient révéler des faits bien intéressants ; mais les grossissements considérables qu'il faut employer rendent ces travaux pénibles et peu précis. La même divergence d'opinions se remarque dans les auteurs au sujet de la constitution de la cellule. Toutes viennent de la même cause, et le même obstacle se présentera jusqu'à l'instant où l'on aura inventé des instruments plus parfaits.

Nous ne considérerons dans cet exposé que les doctrines qu'un semblant de réalité recommande à l'examen des savants. En tête de toutes les théories, nous trouvons celle de Schleiden, c'est-à-dire celle de l'accroissement de la cellule autour d'un noyau central. L'influence de ce nucléole serait à la fois physique et chimique ; ainsi une de ses propriétés serait de solidifier le liquide gommeux dans lequel il nage, et, par une force d'attraction que l'auteur n'a pu déterminer, il grouperait autour de lui de nouvelles molécules solides[3]. C'est ainsi que la cellule se forme, et la masse cytoblastique, qui ne concourt pas à cet acte,

1. *Grundzüge der Botanik*. 1843, p. 22.
2. *Entwicklungsgeschichte des Pollens*.
3. *Müller's Archiv*. 1838, p. 1.

reste fixée à l'une des parois de la cellule. M. Schleiden a parfaitement observé ces diverses phases dans le sac embryonnaire. En 1842, Nägeli[1], son collaborateur, a recherché et constaté l'existence du nucléole dans plusieurs organes de végétaux phanérogames, et l'y a toujours rencontré : on est fondé à croire dès lors que la structure cellulaire observée dans les végétaux inférieurs, se reproduit jusque dans les classes les plus élevées.

Toutefois, dans d'autres de ses ouvrages, M. Nägeli a décrit des structures cellulaires fort différentes de celles que nous venons de résumer[2]. Telle serait celle de la cellule-mère du pollen : elle a une forme qui lui est propre. L'intérieur de la cellule se divise en deux ou quatre portions, dont chacune contient un nucléole libre : chaque partie ou section peut donc être considérée comme une cellule parfaite, mais elle adhère à sa voisine, soit par l'une, soit par plusieurs de ses faces.

Le microscope a dévoilé une troisième forme de la cellule divisible. Ses propriétés sont fort bizarres. On l'a rencontrée dans la cavité de la cellule-mère (*Lumen der Mutterzelle*). H. Mohl décrit cette catégorie de cellules, dans ses Études sur les conferves et les sporules de l'*anthoceros*[3]. Les parois cellulaires s'accroîtraient ainsi de l'extérieur à l'intérieur. MM. Endlicher et Unger vont plus loin, et prétendent que tel est dans les cellules le développement ordinaire[4]. Les cloisons sont simples d'abord, et ce n'est que par la circulation cytoblastique qu'elles se doublent. Ces auteurs envisagent les cellules tantôt comme soudées, tantôt comme simplement juxtaposées à d'autres cellules. Meyen partage du reste l'opinion de ces deux observateurs.[5]

Nous devons citer, en quatrième lieu, la théorie française

1. *Linnæa*; 1842, p. 252.
2. *Zur Entwicklungsgeschichte des Pollens*, p. 11.
3. *Ueber die Vermehrung der Pflanzenzelle durch Theilung*. 1835.
4. *Linnæa*. 1841, p. 385.
5. *Neues System der Pflanzen-Physiologie*. T. II, p. 366.

de M. de Mirbel[1] : les cellules ne sont, à en croire ce célèbre botaniste, que des cavités d'une même masse homogène, comme les bulles dans la mousse du savon ou dans l'écume du mucus. Endlicher et Unger affirment la réalité de cette opinion dans les ordres inférieurs des végétaux. Cette théorie, dit Nägeli, est fausse ou purement hypothétique.[2]

Les opinions ne sont pas plus d'accord sur la nature de la cellule considérée dans ses relations avec ses semblables et les agents extérieurs. Les nouvelles cellules, prétend Schleiden[3], ne peuvent vivre et se développer que dans le sein de la cellule-mère. MM. Endlicher, Unger[4] et Mirbel[5] ont observé, au contraire, des cellules vivant et croissant en dehors du cercle de la cellule-mère, soit attachées à la surface des cloisons, soit dans un lieu entouré de cellules. Schwann est le premier qui me semble avoir nettement distingué la formation des cellules et leurs accroissements. La première opération a lieu par l'adhésion des molécules en direction rayonnante; la seconde, par la juxtaposition des molécules tangentiellement à la cellule-mère.

Cependant il paraît résulter de l'observation des faits, que l'accroissement cellulaire subit de très-grandes modifications, selon que les cellules s'accroissent par division ou par l'effet d'une solidification cytoblastique. D'après le premier de ces modes, la cellule prend immédiatement sa forme définitive; dans le second, sa forme est sphérique d'abord, et les autres figures qu'elle affecte plus tard viennent toutes du développement inégal des molécules. On pourrait appeler ce développement *irrégulier*; et telle est la cause des formes étalées, allongées, étoilées, etc., que l'on remarque dans les cellules.

1. Nouvelle note sur le *Cambium*. 1839.
2. *Zeitschrift zur wissenschaftlichen Botanik*. 1844, p. 33.
3. *Müller's Archiv*. 1838.
4. *Aphorismen*. 1838.
5. *Marchantia polymorpha*. 1831, 1832.

Études de cellules dans les phanérogames. Pris à son origine, chaque tissu a pour point de départ une cellule avec son noyau, unique pour la plupart du temps. On peut y distinguer nettement trois parties : 1.° une membrane circulaire enveloppante, 2.° la petite quantité de mucus que renferme la membrane ; 3.° enfin le nucléole.

Le nucléole est à peine visible dans les jeunes cellules : il a la transparence de l'eau. Mais sa membrane s'accroît rapidement, rapidement il s'épaissit, devient visible et opaque. On voit la mucosité se solidifier peu à peu et persister dans cet état jusqu'au bout de la vie de la cellule. La membrane devient dès lors très-facile à étudier ; l'iode n'a déjà plus de prise sur elle.

A les considérer de profil, les nucléoles affectent une forme demi-circulaire ; il est des cas où elle se rapproche de l'ellipse. Ils s'attachent par un de leurs côtés à la membrane externe, et le noyau grandit, tandis que la membrane reste stationnaire. Si vous examinez ce noyau perpendiculairement à sa surface, vous le verrez rond ou ellipsoïde, rarement allongé.

Le nombre des nucléoles peut être très-variable, quoique d'ordinaire chaque cellule n'en ait qu'un seul. Ils sont alors tantôt libres, tantôt attachés à la paroi. Si la cellule en contient plusieurs, on les voit rangés sur une seule ligne. Quand le noyau a acquis un certain temps de vie, il se forme dans son intérieur une cavité ; elle grandit, s'accroît, au point de ne plus laisser qu'une légère écorce au pourtour de l'ancien noyau. La substance nucléolaire est assez également répartie ; souvent elle ressemble à de l'écume ; on voit alors de petites bulles d'air la diviser : ce sont ces cavités qui contiennent les corpuscules.

M. Schleiden prétend qu'il est des cas où les nucléoles viennent à manquer. M. Nägeli dit ne l'avoir jamais observé. Mais la précipitation avec laquelle les cellules changent de forme, rend la constatation de ce fait très-délicate. R. Brown ne regarde pas comme fortuite la présence de deux ou trois nucléoles dans chaque cellule; il en croit le nombre organiquement fixe pour chaque espèce végétale. L'étude du *Bletia Tancarvillæ* l'a conduit à ce résultat. Il se trouve confirmé par Unger et Endlicher ; ils ont toujours remarqué trois noyaux dans les cellules allongées. Deux noyaux se sont toujours présentés à M. Nägeli, en étudiant le pollen du *Œnothera*, du *Pancratium illyricum*. Des recherches plus approfondies sur cette question offriraient un très-grand intérêt et pourraient conduire à des découvertes importantes.

Les nucléoles dont nous parlons peuvent subir certaines modifications : telle dans la cellule pollinique, où le noyau est résorbé pour reparaître libre au milieu du liquide. Toutefois ce n'est pas un nucléole central. En s'accroissant, il se creuse également par la formation d'une cavité (*Œnothera*, *Cobæa*, *Passiflora*, *Cucurbita*, etc.). Les globules cellulaires, nous l'avons dit, se divisent et se séparent par des cloisons.

Pour nous résumer, nous allons établir quelques aphorismes qui semblent acquis à la science par les nouvelles découvertes des micrographes.

1.° Les nucléoles cellulaires se montrent dans toutes les classes et dans tous les ordres des végétaux. S'il est quelques plantes chez qui ils n'ont pas été signalés, elles sont en fort petit nombre, et cela tient à des observations incomplètes.

2.° Les nucléoles peuvent être de premier ou de second développement. L'une et l'autre espèce influent profondément sur la croissance cellulaire. Tandis que les noyaux primaires se montrent dès la première cellule et s'en séparent pour constituer la cellule engendrée (*Tochterzelle*), les nucléoles secondaires ne servent pas à la production d'une nouvelle cellule; ils sont l'expression et le résultat de son développement. Ils n'ont été aperçus que dans les cellules polliniques. Quelques auteurs, Nägeli entre autres, les ont subdivisés en deux classes, les libres et ceux qui sont soudés.

3.° Le nucléole est entouré d'un *mucus* épaissi ; la membrane est le produit de cet épaississement.

4.° Dans les cryptogames et les phanérogames on voit ces nucléoles en renfermer de plus petits. Mais ce point est très-difficile à distinguer, à cause de l'épaississement du tissu cellulaire.

FIN.

Feuilles gemmipares.

Lith. E. Simon à Strasbg.